变电站巡检机器人出厂试验 指导手册

EPTC 电力机器人专家工作委员会　组编

胡　霁　徐　梁　主编

中国电力出版社
CHINA ELECTRIC POWER PRESS

图书在版编目（CIP）数据

变电站巡检机器人出厂试验指导手册 /EPTC 电力机器人专家工作委员会组编；胡霁，徐梁主编. —北京：中国电力出版社，2022.9

ISBN 978-7-5198-6914-4

I.①变… II.① E… ②胡… ③徐… III.①机器人－应用－变电所－电力系统运行－巡回检测－手册 IV.① TM63-62

中国版本图书馆 CIP 数据核字（2022）第 124886 号

出版发行：中国电力出版社

地　　址：北京市东城区北京站西街 19 号（邮政编码 100005）

网　　址：http://www.cepp.sgcc.com.cn

责任编辑：罗 艳　高 芬

责任校对：黄 蓓　郝军燕

装帧设计：张俊霞

责任印制：石 雷

印　　刷：三河市万龙印装有限公司

版　　次：2022 年 9 月第一版

印　　次：2022 年 9 月北京第一次印刷

开　　本：880 毫米 ×1230 毫米　32 开本

印　　张：3

字　　数：62 千字

印　　数：0001—2500 册

定　　价：23.00 元

编　写　组

主　编　胡　霁　徐　梁

副主编　郭丽娟　刘　旭　李　浩

参编人员（排名不分先后）

蔡焕青	刘　松	吴永康
贺　伟	李海生	师　聪
朱国栋	江金洋	刘贺千
刘元庆	谢国汕	王振铭
黄　晟	冉　坤	贺谷宇
李本旺	陈红强	李明洲
田孝华	张良武	胡锦超
牛　征		

参编单位（排名不分先后）

中国电力科学研究院有限公司

国网电力科学研究院有限公司

国网山东省电力公司

国网新疆电力有限公司

南方电网科学研究院

国网重庆电力公司电力科学研究院

国网黑龙江省电力有限公司电力科学研究院

广西电网有限责任公司电力科学研究院

中国南方电网有限责任公司

国家电网公司电力机器人技术实验室

中能国研（北京）电力科学研究院

电力工业电气设备质量检验测试中心

杭州申昊科技股份有限公司

武汉高德智感科技有限公司

浙江大立科技股份有限公司

重庆凯瑞机器人技术有限公司

随着计算机、人工智能和大数据分析等尖端领域技术的发展，机器人实用化、智能化水平正在飞速提升，在各行各业中应用日益广泛，对促进经济、社会发展具有重要作用。"十三五"期间，我国大力实施创新驱动发展战略，《中国制造 2025》《新一代人工智能发展规划》等政策明确将工业机器人列入大力推动突破发展十大重点领域之一。变电站巡检机器人（特指变电站户外轮式巡检机器人）主要应用于高压变电站，对变电站设备进行远距离带电监视与巡检，将机器人技术、行为规划技术、巡检技术等相结合，代替或辅助人工完成变电站设备巡检作业。变电站巡检机器人目前已在国家电网有限公司、中国南方电网有限责任公司等电力公司的变电站巡视中得到了广泛应用，如何确保变电站巡检机器人产品出厂质量成为各变电站巡检机器人厂家、行业内用户、第三方检测机构等各方需要共同面临的问题。

全书从外观质量试验、环境适应性试验、运动功能试验、巡检功能试验、电磁兼容性能试验、安全性能试验 6 个方面介绍了变电站巡检机器人产品出厂试验的试验准备、试验步骤、试验依据、判定准则、注意事项、记录表格等内容，为确保变电站巡检机器人产品出厂试验环节的质量提供指导性文件。

本书在编写过程中得到中国电力科学研究院有限公司、国网

电力科学研究院有限公司、国网山东省电力公司、国网新疆电力有限公司、南方电网科学研究院、国网重庆电力公司电力科学研究院、国网黑龙江省电力有限公司电力科学研究院、广西电网有限责任公司电力科学研究院、中国南方电网有限责任公司、国家电网公司电力机器人技术实验室、电力工业电气设备质量检验测试中心、杭州申昊科技股份有限公司、武汉高德智感科技有限公司、浙江大立科技股份有限公司、重庆德新机器人检测中心有限公司、中能国研（北京）电力科学研究院等许多人员的大力支持和协助，提供了十分难得的素材和相关资料，并提出了十分宝贵的建议和意见。在此，向为本书编写工作付出辛勤劳动和心血的所有人员表示衷心的感谢。

　　希望本书能对从事变电站巡检机器人试验研究和应用的同志带来一定帮助，有不当之处敬请批评指正。由于编写工作量大，时间仓促，难免存在不足之处，望广大读者批评指正。

编　者

2022 年 6 月

目 录

① 概　述

变电站巡检机器人（特指变电站户外轮式巡检机器人，简称机器人）主要应用于高压变电站，对变电站设备进行远距离带电监视与巡检，将机器人技术、行为规划技术、巡检技术等相结合，代替或辅助人工完成变电站设备巡检作业。

目前，在机器人出厂前，各厂家普遍会进行内部出厂试验，对产品的各项性能指标进行试验，以便在产品出厂环节及时发现残次品，确保产品供货质量。由于目前缺少电力行业内统一的出厂试验指导性文件，导致各变电站巡检机器人厂家均按照各自方法进行出厂试验，不利于变电站巡检机器人产品在行业内的整体质量提升。

国家电网有限公司（简称国网公司）、中国南方电网有限责任公司（简称南网公司）等单位及其下属科研检测单位，陆续开展了变电站巡检机器人功能、性能试验方法研究及标准编制等工作。2021 年 7 月 1 日，《变电站巡检机器人检测技术规范》（DL/T 2239—2021）发布实施，该标准是国内电力行业首个关于变电站巡检机器人检验规则、试验方法及判定准则的行业标准，可作为变电站巡检机器人产品的出厂试验的依据。由于标准的内容表述一般较为简洁，不涉及详细的试验步骤、注意事项、典型案例等试验操作指导层面内容，不能直接作为作业指导书层面的文件来用于指导各变电站巡检机器人厂家的产品出厂试验。因此，有必要集合各变电站巡检机器人厂家、行业内用户、第三方检测机构等各方意见，在已有的变电站巡检机器人相关行业标准、企业标准等基础上，编制变电站巡检机器人出厂试验指导手册，补充扩展详细的试验步骤、注意事项、典型案例等试验操作指导层面内容，为确保产品出厂试验环节质量水平提供指导性文件。

② 出厂试验项目分类

2.1 外观质量试验

2.1.1 外观试验

2.1.1.1 试验准备

（1）试验条件。

1）在 500～800Lux 的光照下（或在 40W 日光灯下），眼睛距离机器人 300～400mm 目视检查。

2）温度：（20±10）℃，相对湿度：45%～85%RH。

3）机器人的表面和人眼视线需呈 45°或 90°的夹角，如图 2-1 所示。

图 2-1 机器人表面和人视线夹角

（2）工具准备。

游标卡尺、针规、塞规、面积菲林等。

（3）人员要求。

1）试验员的视力或矫正视力不低于 5.0，弱视和色盲者不宜进行外观试验。

2）试验员需具备品质试验专业知识，熟练掌握试验工具的使用方法。

3）试验员需经过外观试验培训并考核合格后持资格证作业。

2.1.1.2 试验步骤

（1）将机器人平整摆放在外观试验作业区。

（2）按照附录 A 外观表面定义、试验要求对机器人进行试验。

（3）对发现的缺陷依据表 2-1 进行如实记录。

2.1.1.3 试验依据

试验依据主要有样品/样件、色卡、图纸、试验规范、承认书等。

2.1.1.4 判定准则

外观试验判定准则参考附录 A。

2.1.1.5 注意事项

（1）所有外观试验均应在要求的光照强度下进行。

（2）工具需校准合格，用完后注意维护保养。

2.1.1.6 记录表格

外观试验记录表格示例见表 2-1。

表 2-1　　　　　　　外观试验记录表格示例

检验人		产品名称	
检验时间		产品编号	
项目	A 级面	B 级面	C 级面

续表

喷涂件			
钣金件			
塑胶件			
丝印标签			
连接件、紧固件			
电气部件			
可拆卸更换部件			
指示标识			

不合格项详细描述:

2.1.2 尺寸试验

2.1.2.1 试验准备

（1）工具准备。

钢卷尺、钢直尺、直角尺等。

（2）人员要求。

1）试验员需具备品质试验专业知识，熟练掌握试验工具的使用方法。

2）试验员需经过培训并考核合格后持资格证作业。

2.1.2.2 试验步骤

（1）将机器人平整摆放在外观试验作业区。

（2）测量时，钢卷尺零刻度对准测量起点，施以适当拉力，直接读取测量终止点所对应的尺上刻度。

（3）无法直接使用钢卷尺的部位，可以用钢直尺或直角尺，使零刻度对准测量点，尺身与测量方向一致；用钢卷尺量取到钢尺或直角尺上某一整刻度的距离，读出尺寸。

2.1.2.3　试验依据

试验依据主要有机器人招标文件，产品规格书，产品图纸等。

2.1.2.4　判定准则

依据产品图纸要求判定。

2.1.2.5　注意事项

（1）根据所要测量的尺寸选择合适规格的卷尺。

（2）保证所用卷尺校准合格、功能正常。

（3）测量前，观察卷尺外观并拉开查看头部是否损坏及对零状况。

（4）用完后注意工具的维护保养。

2.1.2.6　记录表格

尺寸试验记录表格示例见表 2-2。

表 2-2　　　　　　　尺寸试验记录表格示例

检验人		产品名称	
检验时间		产品编号	
	长（mm）	宽（mm）	高（mm）
第一次测量			

第二次测量			
第三次测量			
平均值			

2.1.3 重量试验

2.1.3.1 试验准备

工具准备：电子磅秤。

2.1.3.2 试验步骤

（1）称重前，磅秤应摆放平整，承重台表面干净无异物，同时避免与其他物品接触、碰撞或发生震动，以确保测量的准确。

（2）称重时，先将磅秤清零，之后将机器人轻放于磅秤的中间位置，保证磅秤均匀受力，必要时可以使用平整木板协助放置。

（3）连续称重三次，分别记录数据，并计算平均值。

2.1.3.3 试验依据

试验依据主要有机器人招标文件、产品规格书、产品图纸等。

2.1.3.4 判定准则

依据产品规格书规定重要规格判定。

2.1.3.5 注意事项

（1）一次称量的物品重量不能超过磅秤的最大称量范围。

（2）保证所用的磅秤校准合格、功能正常。

（3）称量物品注意轻拿轻放。

（4）用完后注意工具的维护保养。

2.1.3.6　记录表格

重量试验记录表格示例见表 2−3。

表 2−3　　　　　　重量试验记录表格示例

检验人		检验时间	
产品名称		产品编号	
第一次称重（kg）		平均值（kg）	
第二次称重（kg）			
第三次称重（kg）			
重量规格（kg）		检验结论	

2.2　环境适应性试验

2.2.1　低温环境适应性试验

2.2.1.1　试验布置

按《电工电子产品环境试验　第 2 部分：试验方法　试验 A：低温》（GB/T 2423.1）中规定的试验方法进行：

（1）将机器人样品通电，完成自检，处于待机工作状态，并将其本体放置在温湿度试验箱内，监控后台放置在温湿度试验箱外。

（2）关闭试验箱门，以不超过 1K/min 的变化速率调节试验箱内温度至−25℃。然后保持温度不变（波动范围不大于±2K），放置 2h 后，启动机器人开始工作。

2.2.1.2 试验步骤

（1）使用试验箱外的监控后台，控制机器人本体在试验箱内周期性往复行进 10min（行进范围不小于 2.5m×2.5m），启动检测设备进行摄像，期间控制检测设备进行左右方向和上下方向转动并拍摄。

（2）以不超过 1K/min 的变化速率使试验箱内温度恢复至 GB/T 2423.1 规定的测量和试验用标准大气条件，然后放置 1h。

（3）打开试验箱门，观察机器人本体状态是否正常。

2.2.1.3 判定准则

样品无变形和裂纹等现象，各项功能正常。试验过程中，监控后台对机器人本体操控响应正常，检测设备转动、拍摄功能正常，技术要求参见表 2-4。

2.2.1.4 注意事项

（1）温度设置均需在停止运行的情况下才能进行。

（2）试品的重量、体积及安全性应满足要求，不得超载使用。

（3）低温环境适应性试验前，必须将测试孔堵塞；低温试验中，避免打开箱门，若需打开箱门，则需防止冻伤，并及时关闭箱门。试验后应恢复至常温，再打开箱门。

2.2.1.5 记录表格

低温环境适应性试验记录表格示例见表 2-4。

表 2-4 　　　　低温环境适应性试验记录表格示例

序号	检测项目	技术要求	检测结果	评价
1	低温环境适应性试验	云台应能上下左右操作		
2		高清相机应能正常变倍		
3		红外热像仪应能正常测温及操作		
4		机器人应能正常前进、后退及转向		

2.2.2 高温环境适应性试验

2.2.2.1 试验布置

按《电工电子产品环境试验　第2部分：试验方法 试验B：高温》(GB/T 2423.2) 中规定的试验方法进行：

（1）将机器人本体放置在温湿度试验箱内，监控后台放置在温湿度试验箱外。

（2）关闭试验箱门，以不超过 1K/min 的变化速率调节试验箱内温度至 55℃。然后保持温度不变（波动范围不大于±2K），放置 2h；将机器人通电，启动机器人开始工作，完成自检，处于待机工作状态。

2.2.2.2 试验步骤

（1）使用试验箱外的监控后台，控制机器人本体在试验箱内行进 10min（行进范围不小于 2.5m×2.5m），启动检测设备进行摄像，期间控制检测设备进行左右方向和上下方向转动并拍摄。

（2）以不超过 1K/min 的变化速率使试验箱内温度恢复至

与箱外一致，然后放置 1h。

（3）打开试验箱门，观察机器人本体状态是否正常。

2.2.2.3 判定准则

样品无变形和裂纹等现象，各项功能正常。试验过程中，监控后台对机器人本体操控响应正常，检测设备转动、拍摄功能正常，技术要求见表 2−5。

2.2.2.4 注意事项

（1）温度设置均需在停止运行的情况下才能进行。

（2）试品的重量、体积及安全性应满足要求，不得超载使用。

（3）高温试验时，不应打开箱门，以免烫伤，试验后应恢复至常温，再打开箱门。

2.2.2.5 记录表格

高温环境适应性试验记录表格示例见表 2−5。

表 2−5 高温环境适应性试验记录表格示例

序号	检测项目	技术要求	检测结果	评价
1	高温环境适应性试验	云台应能上下左右操作		
2		高清相机应能正常变倍		
3		红外热像仪应能正常测温及操作		
4		机器人应能正常前进、后退及转向		

2.2.3 防水性能试验

2.2.3.1 试验布置

按《外壳防护等级（IP 代码）》（GB/T 4208）中规定的 IPX5

试验方法进行：

（1）将机器人本体放置在喷水试验指定区域，使机器人本体外壳在各方向都能受到喷水。

（2）试验条件如下：

1）喷嘴内径：6.3mm。

2）水流量：（12.5±0.625）L/min。

3）水压：按规定水流量调节。

4）主水流的中心部分：离喷嘴2.5m处直径约为40mm的圆。

5）外壳表面每 m² 喷水时间：约 1min。

6）试验时间：最少 3min。

7）喷嘴至外壳表面距离：2.5～3m。

2.2.3.2　试验步骤

取出机器人，通过监控后台控制机器人本体进行自主巡检任务，控制检测设备进行左右方向和上下方向转动并拆机检查机器人内部是否存在积水。

2.2.3.3　判定准则

试验后，机器人各项功能正常，整机防护性能符合 GB/T 4208 中 IPX5 的要求，技术要求参见表 2-6。

2.2.3.4　注意事项

（1）在每一次使用该设备前，需先检查一下水箱里的水是否充足，如试验中水不足，不仅会给试验造成影响，也会给该水泵带来损害；此外，还要再检查电源是否正常。

（2）在试样结束后，一定要及时把工作室清洁干净；把运行的水放干后，再把该设备擦拭干净后进行通风，充分的排除水分；电源要在每次使用结束后及时关闭。

2.2.3.5　记录表格

防水性能试验记录表格示例见表 2-6。

表 2-6　　　　防水性能试验试验记录表格示例

序号	检测项目	技术要求	检测结果	评价
1	防水性能试验	机器人置于始终平稳转动的转台上，喷嘴内径为 6.3mm，水流量为（12.5±0.625）L/min，喷嘴至外壳表面距离为 2.5~3m，外壳表面每 m² 喷水时间约为 1min；试验时间不少于 3min，试验后打开机器人检查，试验后对机器人应无有害影响		

2.2.4　防尘性能试验

2.2.4.1　试验布置

按《外壳防护等级（IP 代码）》（GB/T 4208）中规定的试验方法进行：

（1）将机器人放置在防尘试验箱指定区域。

（2）试验用尘宜为滑石粉。

（3）关闭试验箱门，通过自上而下的气流，使尘在试验箱内均匀分布，尘浓度为 2kg/m³（试验箱体积），试验持续 8h。

2.2.4.2 试验步骤

取出机器人，通过监控后台控制机器人本体进行自主巡检任务，控制检测设备进行左右方向和上下方向转动并拆机检查机器人内部是否存在灰尘。

2.2.4.3 判定准则

试验后，机器人各项功能正常，整机防护性能符合 GB/T 4208 中 IP5X 的要求，技术要求参见表 2-7。

2.2.4.4 注意事项

试验箱应使样品暴露于垂直的非层流，且含有规定数量的尘气流中。为此，应搅拌试验用尘，并吹入密封试验箱。样品体积不应超过试验箱体积的 25%，样品底座不应超过试验箱工作空间水平面积的 50%。

2.2.4.5 记录表格

防尘性能试验记录表格示例见表 2-7。

表 2-7 防尘性能试验记录表格示例

序号	检测项目	技术要求	检测结果	评价
1	防尘性能试验	机器人按正常工作位置放入防尘试验箱内，滑石粉用量为每 m^3 试验箱容积 2kg；试验持续 8h 后打开机器人检查，机器人不能完全防止尘埃进入，但进入灰尘不能影响机器人的运行，不得影响安全		

2.2.5 恒定湿热试验

2.2.5.1 试验布置

按《环境试验 第 2 部分：试验方法 试验 Cab：恒定湿热试验》（GB/T 2423.3）中规定的试验方法进行：

（1）机器人（机器人本体及充电设备）带电，机器人本体完成自检，处于待机工作状态。机器人本体及充电设备放置在温湿度试验箱内，监控后台放置在温湿度试验箱外。在进行操作控制试验前，机器人停靠在充电桩上，保持充电状态。

（2）以不超过 1K/min 的变化速率调节试验箱内温度至（40±2）℃，相对湿度（93±3）%。然后保持温度不变（总的温度容差为±2K，短期温度波动范围不大于 0.5K），持续时间12h。

2.2.5.2 试验步骤

（1）在试验过程最后 1~2h，使用试验箱外的监控后台，控制机器人本体进行前进、后退及转向，控制机器人本体启动检测设备进行摄像，启动检测设备进行左右方向和上下方向转动并拍摄。

（2）试验结束后，在正常大气条件下带电恢复至少 1h，但不超过 2h，使用监控后台控制机器人本体启动检测设备进行左右方向和上下方向转动并拍摄。

2.2.5.3 判定准则

样品无变形和裂纹等现象。试验过程中及恢复后复查过程后，监控后台对机器人本体的操控响应正常，检测设备转动、拍摄功能正常，技术要求参见表 2-8。

2.2.5.4　记录表格

恒定湿热试验记录表格示例见表 2-8。

表 2-8　　　　　　　恒定湿热试验记录表格示例

序号	检测项目	技术要求	检测结果	评价
1	恒定湿热试验	云台应能上下左右操作		
2		高清相机应能正常变倍		
3		红外热像仪应能正常测温及操作		
4		机器人应能正常前进、后退及转向		

2.2.6　交变湿热试验

2.2.6.1　试验布置

按《电工电子产品环境试验　第 2 部分：试验方法 试验 Db 交变湿热（12h+12h 循环）》（GB/T 2423.4）中规定的试验方法进行：

（1）机器人（机器人本体及充电设备）带电，机器人本体完成自检，处于待机工作状态。机器人本体及充电设备放置在温湿度试验箱内，监控后台放置在温湿度试验箱外。在进行操作控制试验前，机器人停靠在充电桩上，保持充电状态。

（2）试验的高温温度为（55±2）℃，持续两个循环（48h）。

2.2.6.2　试验步骤

（1）在试验过程最后 1～2h，使用试验箱外的监控后台，控制机器人本体进行前进、后退及转向，控制机器人本体启动检测设备进行摄像，启动检测设备进行左右方向和上下方向转动并拍摄。

（2）试验结束后，在正常大气条件下带电恢复至少 1h，但不超过 2h，使用监控后台控制机器人本体启动检测设备进行左右方向和上下方向转动并拍摄。

2.2.6.3　判定准则

样品无变形和裂纹等现象。试验过程中及恢复后复查过程后，监控后台对机器人本体的操控响应正常，检测设备转动、拍摄功能正常，技术要求参见表 2-9。

2.2.6.4　记录表格

交变湿热试验记录表格示例见表 2-9。

表 2-9　　　　　　　交变湿热试验记录表格示例

序号	检测项目	技术要求	检测结果	评价
1	交变湿热试验	云台应能上下左右操作		
2		高清相机应能正常变倍		
3		红外热像仪应能正常测温及操作		
4		机器人应能正常前进、后退及转向		

2.2.7　模拟运输性能试验

2.2.7.1　试验布置

按《包装　运输包装件基本试验　第 23 部分：垂直随机振动

试验方法》（GB/T 4857.23）中规定的试验方法进行：

（1）检查机器人外观结构和主要功能是否正常。确认正常后，将其按储运状态放置。

（2）机器人应按其储运状态放置在模拟运输振动试验台指定位置。对于运输时要求固定的，按运输时要求进行模拟固定；对于运输时不要求固定的，在机器人品周围布置限制挡板，但应保证机器人中心能在其周围 10mm 范围内做无约束运动。

（3）将处于储运状态的机器人品在模拟运输振动试验台上进行布置。

2.2.7.2 试验步骤

（1）按表 2-10 规定的功率谱密度进行 180min 的振动试验。

表 2-10　　　　模拟运输性能试验功率谱密度

频率（Hz）	功率谱密度（g²/Hz）
1	0.000036
3	0.06
4	0.06
8	0.007
12	0.016
30	0.006
40	0.015
60	0.0014
100	0.001
200	0.00005
加速度均方根	0.82

（2）取出机器人，按正常工作要求进行布置，查看其外观结构是否正常，检查各项功能是否正常。

2.2.7.3　判定准则

机器人无变形和裂纹等现象，插接件、紧固件等无开裂、松脱等现象，检测设备无变形、开裂、花屏等现象，机器人与检测设备转动、拍摄等功能正常。

2.2.7.4　注意事项

（1）调节旋钮时要缓慢调节，不可幅度过大。

（2）试验过程中，如听到任何不正常的声音，应及时找到原因并停机检查。

（3）调速旋钮没有放到最小开机或关机应视为违规操作。

（4）随时保持机台清洁。

（5）每月定期给机台传动部分添加润滑油。

（6）每半年定期打开马达护盖检查皮带是否有磨损或过松，视情况予以调整或更换。

2.2.7.5　记录表格

模拟运输性能试验记录表格示例见表 2-11。

表 2-11　　　模拟运输性能试验记录表格示例

序号	检测项目	技术要求	检测结果	评价
1	模拟运输性能试验	云台应能上下左右操作		
2		高清相机应能正常变倍		
3		红外热像仪应能正常测温及操作		

续表

序号	检测项目	技术要求	检测结果	评价
4		机器人应能正常前进、后退及转向		

2.3　运动功能试验

2.3.1　自主导航定位精度试验

2.3.1.1　试验布置

（1）选择周长不小于30m的闭环路径作为测量区间，测试区间应为平坦干燥的水泥路面。

（2）在测量区间预设起始点、定位标志位置和停车位置，起始点至预设停车位置运行轨迹中应至少包含一个弯道。

（3）机器人行驶至起始点，设定机器人自主行走路线，如图2-2所示。

（4）试验所需的仪器设备为激光扫描仪等，其测量参数的准确度/误差不大于2mm。

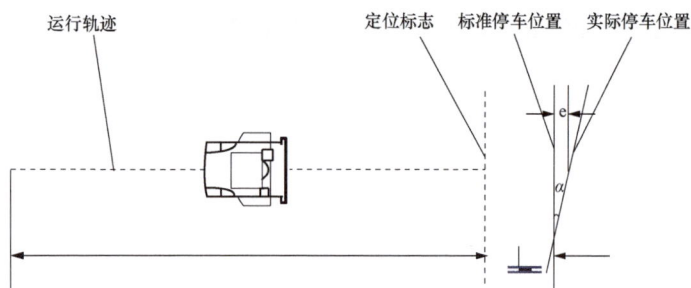

图2-2　导航定位误差试验图

2.3.1.2 试验步骤

（1）机器人位于导航轨迹上，并使机器人中心线与导航运行轨迹重合。

（2）机器人按照导航路径运行，使机器人到达停车位置后自动停止。

（3）扫描当前机器人在停车位置垂直投影在地面的线段，测量投影地面线段的中点与定位标志之间的距离 L，将首次停车位置作为标准停车位置。

（4）试验再重复进行 5 次，记录 5 次停车位置与定位标志之间的距离 L_n（n=1，2，3，4，5），则导航定位误差 $e=L_n-L$。

2.3.1.3 判定准则

取 5 次试验的 e 的平均值，若平均值不大于 ±10mm，则为合格。

2.3.1.4 注意事项

（1）机器人每次试验前需调整姿态，以确保机器人中心线与导航轨迹重合。

（2）机器人以自主导航的方式运行到定位标志附近，并将首次停车位置作为标准停车位置。

（3）定位标志物建议选取反光片固定于地面。

2.3.1.5 记录表格

自主导航定位精度试验记录表格示例见表 2-12。

表2-12　　自主导航定位精度试验记录表格示例

导航定位误差试验记录表格				
首次停车与定位标志的位置 L（mm）				
序号	实际停车与定位标志的距离 L_n（mm）	导航定位误差 e（mm）	平均值（mm）	测试结果（是否符合要求）
1				

2.3.2　最大平均速度试验

2.3.2.1　试验布置

（1）试验应在平整的地面上取大于50m测量区间，确保机器人有足够长的加速距离，使机器人加速到最大速度。

（2）预先标定导航轨迹、横向始断线和横向终端线，最大平均速度试验图如图2-3所示。

（3）试验所需的仪器设备为电子秒表或测速装置。电子秒表需经过第三方检测机构进行校准，校准结果符合《秒表检定规程》（JJG 237—2010）的要求；测速装置应满足测速范围在 0～2m/s，测量误差不大于 2%。

22

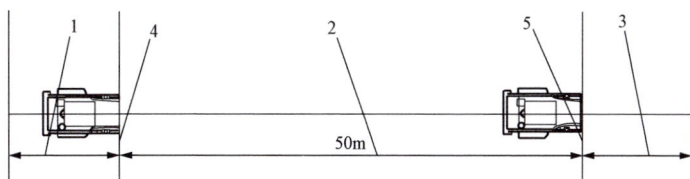

图 2-3　最大平均速度试验图

1—加速区；2—匀速区；3—减速区；4—横向始端线；5—横向终端线

2.3.2.2　试验步骤

（1）机器人位于导航轨迹上，并使机器人中心线与导航轨迹重合。

（2）机器人按照导航路径行驶，并在机器人前边缘通过横向始端线前加速到最大速度。

（3）机器人保持最大速度直线驶过横向始端线和横向终端线，记录所用时间，计算机器人的单次前进行走速度。

（4）遥控操作工况下重复上述操作至少两次，计算机器人平均速度。

（5）自动行驶（自主导航行走）工况下重复上述操作至少两次，计算机器人平均速度。

2.3.2.3　判定准则

取多次试验的平均值，与标准要求值进行比较，若遥控操作工况下平均值不小于 1.2m/s，则为合格；自动行驶工况下平均值不小于 1m/s，则为合格。

2.3.2.4　注意事项

（1）机器人每次试验前需调整姿态，以确保机器人中心线与

23

导航轨迹重合。

（2）试验场地内距地面 2m 高处的最大瞬时风速应小于 3m/s。

2.3.2.5　记录表格

最大平均速度试验记录表格示例见表 2-13。

表 2-13　　　　最大平均速度试验记录表格示例

序号	行驶工况	直线驶过横向始端线和横向终端线所用时间 t（s）	最大行驶速度平均值（m/s）	测试结果（是否符合要求）
1	遥控操作工况			
2	遥控操作工况			
3	遥控操作工况			
4	遥控操作工况			
5	自动行驶工况			
6	自动行驶工况			
7	自动行驶工况			
8	自动行驶工况			

2.3.3 制动距离试验

2.3.3.1 试验布置

试验应在平整的地面上取足够长度测量区间，制动距离试验图如图 2-4 所示。

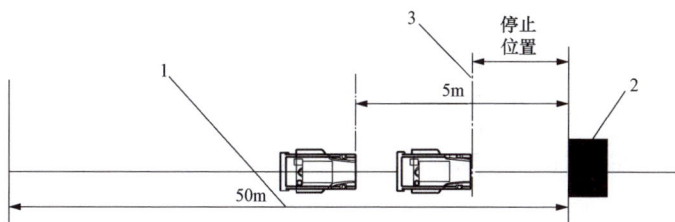

图 2-4 制动距离试验图

1—足够长度的加速区+匀速区；2—高 20cm、宽 10cm 障碍物；3—停止线

2.3.3.2 试验步骤

（1）在试验场地标记直线测量区间的始端线、终端线和预设停车点，始端线与终端线间距离不小于 10m，预设停车点应在终端线后方 0.5m 以外。

（2）控制机器人以 1m/s 速度驶入测量区间，记录机器人越过始端线时间。

（3）机器人越过终端线时，对机器人发出紧急制动指令，同时记录机器人越过终端线时间，并计算机器人在始端线和终端线间的平均速度（测试方法参考 2.3.2）。

（4）机器人停稳后，测量并记录停车位置与终端线的距离。

（5）试验重复进行 2 次，取最大值为试验样本最小制动距离。

2.3.3.3　判定准则

最小制动距离平均值不大于 0.5m，则为合格。

2.3.3.4　注意事项

（1）机器人每次试验前需调整姿态，以确保机器人中心线与导航轨迹重合。

（2）试验场地内距地面 2m 高处的最大瞬时风速应小于 3m/s。

2.3.3.5　记录表格

制动距离试验记录表格示例见表 2-14。

表 2-14　　　　制动距离试验记录表格示例

序号	平均速度（m/s）	制动距离（cm）	最小制动距离（cm）	测试结果（是否符合要求）
1				
2				

2.3.4　防碰撞功能试验

2.3.4.1　试验布置

（1）试验应在平整的地面上取 50m 测量区间。

（2）预先标定导航轨迹，并在测量区间终点放置两种类型的障碍物，障碍物正面规格如下：

1）高 15cm、宽 10cm，表面无镂空。

2）高 170cm、宽 100cm 的围栏，网线直径为 0.3～0.5cm（包含 0.3cm 和 0.5cm），最大的单个镂空网格面积不大于 150cm²。

2.3.4.2　试验步骤

（1）机器人位于导航轨迹上，并使机器人中心线与导航轨迹重合。

（2）设定机器人行走路线并在机器人的行走路线中心线设置障碍物，障碍物正面垂直于机器人行进方向。

（3）当机器人行驶到障碍物前方，目测机器人能否自动停止行驶并报警且不接触碰撞到障碍物，记录目测结果。

（4）在不移除障碍物工况下，机器人停止后人工遥控发送前行指令，目测机器人是否保持停止状态并报警。

（5）在不移除障碍物工况下，机器人停止后发送自动导航前行指令，目测机器人是否保持停止状态并报警。

（6）在不移除障碍物工况下，机器人停止后发送自动导航前行指令，然后移除障碍物，目测机器人能否继续导航行驶并发出声光提示。

（7）采用同样方法测试当障碍物位于机器人行进路线左、右侧，但仍能与机器人碰撞时机器人的防碰撞功能。

2.3.4.3　判定准则

应具有障碍物检测功能，机器人在行走过程中遇到障碍物应及时停止，障碍物移除后应能恢复行走。

2.3.4.4　注意事项

机器人每次试验前需调整姿态，以确保机器人中心线与导航轨迹重合。

2.3.4.5　记录表格

防碰撞功能试验记录表格示例见表 2-15。

表 2-15　　防碰撞功能试验记录表格示例

序号	障碍物类型	障碍物位置（线路中或左或右）	是否停止并报警	是否接触障碍物	遥控前行，是否保持停止状态并报警	发送自动导航前行命令，是否保持停止状态并报警	发送自动导航前行命令，移除障碍物，是否继续导航行驶并发出声光提示
1	高 15cm 宽 10cm	线路中					
2		线路左					
3		线路右					
4	高 170cm 宽 100cm 的围栏	线路中					
5		线路左					
6		线路右					

2.3.5　绕障功能试验

2.3.5.1　试验布置

（1）试验应在平整的地面上取 50m 测量区间。

（2）预先标定导航轨迹，并在测量区间终点放置障碍物，障碍物尺寸统一为高 15cm、宽 10cm。

2.3.5.2　试验步骤

（1）设定机器人行走路线，并在行走路线中心线设置障碍物；

机器人按照预设路线行走，观察机器人行走过程中遇到障碍物是否及时停止。

（2）根据机器人说明书中绕障前等待时间的说明（如无，默认设置为15s），等待2倍设定时间，观察机器人是否绕过障碍继续行走。

2.3.5.3　判定准则

设机器人本体长度为 a，机器人在行走过程中遇到障碍物距离为 $a\sim2a$ （包括 a 和 $2a$）应及时停止行走。等待2倍设定时间后障碍物仍不移走时，机器人应能在与障碍物之间距离为 $a\sim2a$ （包括 a 和 $2a$）绕过障碍物继续行走。

2.3.5.4　注意事项

（1）至少测量3次。

（2）障碍物放置时该尺寸横截面应垂直于机器人进行方向，并至少在其中一侧留有足够的空间允许机器人通过。

2.3.5.5　记录表格

绕障功能试验记录表格示例见表2-16。

表2-16　　绕障功能试验记录表格示例

序号	机器人长度（cm）	与障碍物的距离（cm）	是否绕行	测试结果（是否符合要求）
1				
2				
3				

2.3.6　越障能力试验

2.3.6.1　试验布置

（1）在试验场地上布置高度为 5cm、深度为 5cm 的矩形越障物。

（2）越障物宽度应大于机器人的宽度。

2.3.6.2　试验步骤

（1）机器人正对越障物，停在距离障碍物前方 1m 处。

（2）操作机器人与越障物正面行走，观察其是否能越过 5cm 越障物。

（3）重复步骤（2）。

2.3.6.3　判定准则

试验重复进行 2 次，机器人应能越过最小越障高度 5cm 的矩形越障物，不应出现轮胎打滑现象。

2.3.6.4　记录表格

越障能力试验记录表格示例见表 2-17。

表 2-17　　　　越障能力试验记录表格示例

序号	越障高度 5cm	是否出现轮胎打滑	测试结果 （是否符合要求）
1			
2			
3			

2.3.7 涉水能力试验

2.3.7.1 试验布置

（1）将机器人停靠在涉水试验区。

（2）设置水槽的水位深度依次为 8、10cm。

（3）试验环境应在无大风环境下进行。

2.3.7.2 试验步骤

（1）将水位设置成 8cm，机器人通电涉水持续 10min。

（2）车体底盘部分需全部完成浸入到涉水区域。

（3）控制巡检机器人应能正确执行机器人行走、云台俯仰和水平转动等命令。

（4）采用监控后台接收巡检机器人采集的图像、音频等数据，判断试验结果是否符合要求。

（5）如果通过涉水 8cm，则将水位设置成 10cm 进行测试。

2.3.7.3 判定准则

应具备最小涉水深度为 8cm 的涉水能力。试验结束后机器人无变形和裂纹等现象，各项功能正常。试验期间监控后台采集的图像数据正常，机器人本体工作状态正常。

2.3.7.4 注意事项

试验前，检查机器人是否做过特殊处理，严禁试验车辆进行特殊打胶处理。

2.3.7.5 记录表格

涉水能力试验记录表格示例见表 2-18。

表2-18　　　　　　涉水能力试验记录表格示例

测试项目	涉水深度 8cm	涉水深度 10cm
测试结果 （是否符合要求）		

注　取试验最大涉水深度作为其涉水能力。

2.3.8　爬坡能力试验

2.3.8.1　试验布置

（1）试验宜在无风条件下进行。

（2）试验场地内布置如图 2-5 所示的斜坡坡道，斜坡坡道为平坦干燥的水泥路面，斜坡坡度为15°，斜坡长度≥2m，宽度≥1m。

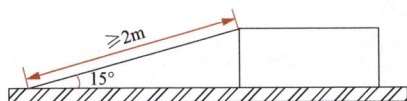

图 2-5　斜坡坡道

2.3.8.2　试验步骤

（1）将机器人针对试验装置的斜坡坡道，停在斜坡前沿。

（2）操作机器人直行，使其行走至斜坡上，斜坡上行走距离不小于 2m。

（3）操作机器人从斜坡下行至坡底。

（4）试验重复进行两次，判断试验结果是否符合要求。

2.3.8.3　判定准则

爬坡能力应不小于 15°，机器人上下坡运动平稳，不应翻滚、跌落。

2.3.8.4 注意事项

机器人应以缓慢速度爬坡和下坡，避免速度过快导致倾倒。

2.3.8.5 记录表格

爬坡能力试验记录表格示例见表 2-19。

表 2-19　　　　　爬坡能力试验记录表格示例

序号	测试结果（是否符合要求）
1	
2	

2.3.9　防跌落试验

2.3.9.1 试验布置

（1）在试验场地机器人行走路线上设置路宽不小于 1m 的盖板路。

（2）在路径上设置 100～300mm 的下行台阶。

（3）盖板路两侧设置 100～300mm 的下行台阶。

2.3.9.2 试验步骤

（1）将机器人按照预设路线直线行走，观察机器人行走过程中遇到台阶是否及时停止。

（2）将机器人按照预设路线进行转弯，观察机器人转弯后遇到下行台阶时是否立即停止。

2.3.9.3 判定准则

机器人遇下行台阶可自动判别并停止，等待时间超过预设时间（1min），观察机器人是否能倒车后退或者调头，是否能继续执行巡检任务。

2.3.9.4 注意事项

机器人应以缓慢速度行走，避免速度过快导致滑落台阶。

2.3.9.5 记录表格

防跌落试验记录表格示例见表 2-20。

表 2-20　　　　防跌落试验记录表格示例

序号	行走方式	测试结果（是否符合要求）
1	直线行走	
2	拐弯行走	

2.3.10 最小转弯半径试验

2.3.10.1 试验布置

（1）试验应在室内外无风、环境温度 0～40℃条件下进行。

（2）试验所需的仪器设备为卷尺，其长度参数的准确度/误差为符合Ⅰ级。卷尺需经过第三方检测机构进行检定，检定结果符合《钢卷尺检定规程》（JJG 4—2015）的要求，且检定结果在有效期内。

2.3.10.2 试验步骤

（1）将机器人停在试验场地的转弯性能测试准备区。

（2）在转弯性能测试区，进行机器人原地转向试验，观察并记录机器人通过转弯半径圆。

（3）机器人左转右转各测定 1 次，取平均值确定转弯直径，判断试验结果是否符合要求。

2.3.10.3 判定准则

最小转弯直径应不大于其本身长度的 2 倍。

2.3.10.4 注意事项

（1）预先测量机器人本身的长度。

（2）机器人左转和右转各测定 1 次，根据地面轨迹先测量其两次直径，取其平均值。

2.3.10.5 记录表格

最小转弯半径试验记录表格示例见表 2-21。

表 2-21 最小转弯半径试验记录表格示例

序号	测试内容	数据记录	测试结果 （是否符合要求）
1	机器人本身长度		
2	机器人左转直径		
3	机器人右转直径		
最小转弯直径		最小转弯直径应不大于 其本身长度的 2 倍	

2.3.11 续航时间试验

2.3.11.1 试验布置

（1）试验应在室内外无风、环境温度 0～40℃条件下进行。

（2）试验所需的仪器设备为电子秒表，电子秒表的测量范围应不小于 8h。电子秒表需经过第三方检测机构进行校准，校准结果符合《秒表检定规程》（JJG 237—2010）的要求，且校准结果在有效期内。

2.3.11.2 试验步骤

（1）在模拟场地设置一个循环巡检任务。

（2）启动机器人执行循环任务并开始计时，连续进行，中间不允许补充能量。

（3）机器人在正常试验周期内若出现电量不足报警时停止计时。

2.3.11.3 判定准则

电池供电一次充电续航能力不小于 8h，续航时间内，机器人应稳定、可靠工作。

2.3.11.4 注意事项

（1）试验开始时间为机器人进入试验场地执行巡检任务，试验结束时间为机器人出现电量不足报警或因电量不足无法继续执行巡检任务等情况，记录试验开始时间和试验结束时间，两者差值为续航时间。

（2）机器人在正常试验周期（机器人正常试验前的调试时间不计入正常试验周期）应稳定、可靠工作，在正常试验周期内若出现电量不足、偏离行驶路线、宕机或其他故障情况，判定续航时间试验结果不满足要求。

2.3.11.5 记录表格

续航时间试验记录表格示例见表 2-22。

表 2-22　　　　　　　续航时间试验记录表格示例

序号	测试内容	记录时间	测试结果 （是否符合要求）
1	续航时间		

2.3.12　云台运动范围试验

2.3.12.1　试验布置

（1）试验应在室内外无风、环境温度 0～40℃条件下进行。

（2）试验所需的仪器设备为万能角度尺、数显水平尺等，其角度参数的准确度/误差不大于 0.5°。卷尺需经过第三方检测机构进行检定，检定结果符合《万能角度尺检定规程》（JJG 33—2002）的要求，且检定结果在有效期内。

2.3.12.2　试验步骤

应分别测量云台水平方向和垂直方向旋转至终端时所旋转的角度，并记录试验结果。

（1）将机器人停在试验场地测试准备区。

（2）控制机器人云台进行水平方向的旋转，利用万能角度尺测量云台旋转至终端时的角度，并记录试验结果。

（3）控制机器人云台进行垂直方向的旋转，利用数显水平尺测量云台旋转至终端时的角度，并记录试验结果。

2.3.12.3　判定准则

应具备俯仰和水平两个旋转自由度：垂直范围−10°～+90°，水平范围−180°～+180°。机器人云台视场范围内始终不受本体任何部位遮挡影响。

2.3.12.4 注意事项

（1）先预先将机器人云台在初始位置将万能角度尺或数显水平仪进行初始化角度设置。

（2）垂直角度尽量选取其水平位置为初始角度。

2.3.12.5 记录表格

云台运动范围试验记录表格示例见表 2–23。

表 2–23　　　云台运动范围试验记录表格示例

序号	测试内容	数据记录	测试结果 （是否符合要求）
1	云台水平旋转角度		
2	云台垂直旋转角度		
	云台运动范围	垂直范围$-10°\sim +90°$， 水平范围$-180°\sim +180°$	

2.4　巡检功能试验

2.4.1　任务巡检试验

2.4.1.1　试验环境布置

（1）在试验场地搭建机器人充电房并设置充电点。

（2）建立自充电点开始的机器人巡检路线，建立设备巡检点。

2.4.1.2　试验步骤

（1）对机器人下发充电命令使其处于充电状态。

（2）机器人电量达到可支持正常巡检后，下发机器人巡检任务，任务结束后，观察机器人是否自动返回充电。

（3）对任务巡检成功率进行 3 次试验，任务巡检成功率不小于 100%。

2.4.1.3　判定准则

（1）在机器人处于充电状态时，下发巡检任务，当电量高于最低工作电量时，机器人自主停止充电驶出充电房，开始巡检任务。

（2）机器人按照预设路线进行巡检任务，完成下发任务中所有点位的巡检任务。

（3）完成巡检任务后，机器人自主按照预设路线返回充电。

2.4.1.4　注意事项

（1）机器人本体各硬件结构无故障，机器人巡检系统无告警信息上报。

（2）机器人与服务器网络通信正常，可以正常下发任务。

2.4.1.5　试验记录表格

任务巡检试验记录表格示例见表 2-24。

表 2-24　　　　　任务巡检试验记录表格示例

机器人编号：　　　测试场地：　　　测试时间：

序号	巡检结果	返回充电结果	备注
1			
2			
3			
巡检平均成功率		任务巡检成功率不小于 100%	

2.4.2 自主充电功能试验

2.4.2.1 试验环境布置

（1）机器人与充电室网络连接正常。

（2）机器人有可返回充电室的预制路线。

（3）充电室内机器人充电装置正常工作。

2.4.2.2 试验步骤

（1）在试验场地任意位置，搭建机器人充电房并设置充电点。

（2）机器人任务执行过程中，在机器人巡检系统改低电量阈值（阈值低于机器人当前电量）使机器人返回充电；机器人空闲时下发返回充电指令。

（3）对自主充电成功率进行 3 次试验，自主充电成功率不小于 100%。

2.4.2.3 判定准则

（1）通过机器人控制端修改低电量阈值，控制平台上报机器人电量过低声光告警，机器人本体发出声光告警。

（2）机器人暂停当前正在执行的任务，返回充电房充电。

（3）观察控制平台上机器人充电状态，充电电流电压是否正常。

2.4.2.4 注意事项

（1）机器人本体各硬件结构无故障，机器人巡检系统无告警信息上报。

（2）机器人与服务器网络通信正常，可以正常下发任务。

2.4.2.5 试验记录表格

自主充电功能试验记录表格示例见表 2-25。

表 2-25 自主充电功能试验记录表格示例

机器人编号: 测试场地: 测试时间:

序号	充电结果	充电时间（s）	备注
1			
2			
3			
充电平均成功率		自主充电成功率不小于100%	

2.4.3 巡检方式设置和切换功能试验

2.4.3.1 试验环境布置

（1）在试验场地中设置机器人巡检路线，巡检测点。

（2）机器人可以在试验场地中正常执行巡检任务。

2.4.3.2 试验步骤

（1）下发例行巡检任务，巡检执行一段时间后切换到人工遥控模式；人工遥控一定时间后，由人工巡检模式切换至例行巡检模式。

（2）下发特巡任务，巡检执行一段时间后切换到人工遥控模式；人工遥控一定时间后，由人工巡检模式切换至特巡模式。

（3）下发例行巡检任务，巡检执行一段时间后切换到特巡模式；特巡一定时间后，由特巡模式切换至例行巡检模式。

2.4.3.3 判定准则

（1）例行巡检与人工遥控巡检自由无缝切换，切换过程中，机器人巡检系统的巡检状态和巡检姿态不发生明显变化。

（2）特巡与人工遥控巡检自由无缝切换，切换过程中，机器人巡检系统的巡检状态和巡检姿态不发生明显变化。

（3）例行巡检与特巡自由无缝切换，切换过程中，智能机器人巡检系统的巡检状态和巡检姿态不发生明显变化。

2.4.3.4 注意事项

（1）机器人本体各硬件结构无故障，机器人巡检系统无告警信息上报。

（2）机器人与服务器网络通信正常，可以正常下发任务。

2.4.3.5 试验记录表格

巡检方式设置和切换功能试验记录表格示例见表 2-26。

表 2-26 巡检方式设置和切换功能试验记录表格示例

序号	测试内容	技术要求	测试结果
1	巡检方式	巡检系统应包括全自主巡检及人工遥控巡检两种功能，全自主巡检又包括例行和特巡两种方式。全自主巡检与人工遥控巡检能可自由无缝切换，具体功能如下： （1）例行巡检与人工遥控巡检切换。支持例行巡检与人工遥控巡检自由无缝切换，切换	
2	例行巡检切换为人工遥控巡检		
3	特巡切换为人工遥控巡检		

续表

序号	测试内容	技术要求	测试结果
4	人工遥控巡检切换为例行巡检	过程中，智能机器人巡检系统的巡检状态和巡检姿态不发生明显变化。	
5	人工遥控巡检切换为特巡	（2）特巡与人工遥控巡检切换。支持特巡与人工遥控巡检切换，切换过程中，智能机器人巡检系统的巡检状态和巡检姿态不发生明显变化。	
6	例巡切换为特巡		
7	特巡切换为例巡	（3）例行巡检与特巡相互切换。支持例行巡检与特巡相互切换，切换过程中，智能机器人巡检系统的巡检状态和巡检姿态不发生明显变化	

2.4.4　巡检功能试验

2.4.4.1　试验环境布置

（1）机器人本体各部件正常运行。

（2）机器人与后台控制端网络连接正常。

2.4.4.2　试验步骤

（1）拔掉 AP 通信线，持续 5min 后恢复接线。

（2）拔掉供电线、驱动电机的通信线，持续 5min 后恢复接线。

（3）拔掉供电线路、电源通信线路，持续 5min 后恢复接线。

（4）拔掉可见光相机、红外相机的通信网线或者供电线路，持续 5min 后恢复接线。

2.4.4.3　判定准则

（1）拔掉 AP 的通信线或者供电线，观察后台能否正常告警，机器人本体是否有网络异常语音播报。

（2）拔掉驱动电机的通信线路或者供电线路，观察后台是否有驱动异常告警上报同时机器人语音播报异常。

（3）拔掉电源通信线路，观察后台是否有告警上报同时机器人语音播报电池通信异常。

（4）拔掉可见光相机、红外相机的通信网线或者供电线路，观察后台是否有相机异常告警信息，同时机器人本体播报相机异常语音。线路恢复连接后机器人应停止语音播报，恢复正常状态。

2.4.4.4　注意事项

（1）机器人本体各硬件结构无故障。

（2）机器人与服务器网络通信正常，巡检系统可以获取到机器人状态信息。

2.4.4.5　试验记录表格

巡检功能试验记录表格示例见表 2-27。

表 2-27　　　　巡检功能试验记录表格示例

序号	测试内容	技术要求	测试结果
1	遥控遥测信号自检	整机自检项目应至少包含遥控遥测信号、电池模块、驱动模块、检测设备。以上任一部件（模块）故障，均能在本地监控后台（或）手柄上以明显	
2	电池模块自检		
3	驱动模块自检		

序号	测试内容	技术要求	测试结果
4	检测设备自检	的声（光）进行报警提示，并能上传故障信息。根据报警提示，能直接确定故障的部件（或模块）	
5	其他模块		

2.4.5 表计巡检试验

2.4.5.1 试验环境布置

（1）在试验场地中设置机器人巡检路线，巡检测点。

（2）机器人可以在试验场地中正常执行巡检任务。

2.4.5.2 试验步骤

（1）机器人按照预设地图点采集压力表×10、避雷器动作次数表×3、吸湿器×2。

（2）设置每个表计的告警阈值。

（3）下发巡检任务。

2.4.5.3 判定准则

（1）机器人正常执行表计巡检任务且不存在漏点情况。

（2）表计识别结果的准确度不小于80%。

（3）表计巡检结果上传到机器人巡检系统中。

（4）表计读数超出设置的告警阈值时，机器人巡检系统上报设备告警。

（5）表计识别准确度：读数误差小于±5%，数显表、吸湿器、分合指示应无误差。

（6）表计设置值为 0，但机器人读数不为 0 时，误差值无穷大以"/"表示。

（7）识别准确度=正确识别的表计数量/表计总数量×100%。

（8）误差根据下列公式由原始记录数据计算得出。

（9）误差=绝对值（机器人读数−设置值）/设置值×100%。

2.4.5.4　注意事项

（1）机器人本体各硬件结构无故障，机器人巡检系统无告警信息上报。

（2）机器人与服务器网络通信正常，可以正常下发任务。

2.4.5.5　试验记录表格

表计巡检试验记录表格示例见表 2–28。

表 2–28　　　　表计巡检试验记录表格示例

编号	设置值	第一次巡检读数	第二次巡检读数	第三次巡检读数
1				
2				
3				
4				
5				

2.4.6　红外测温准确率试验

2.4.6.1　试验环境布置

（1）试验应在室内无风，环境温度 10～40℃条件下进行。

（2）试验所需的仪器设备为黑体，黑体的高温范围应不低于150℃。黑体需经过省级第三方检测机构进行校准，校准结果符合《辐射测温用-10℃～200℃黑体辐射源校准规范》（JJF 1552—2015）的要求，且校准结果在有效期内。

2.4.6.2 试验步骤

（1）操作机器人的红外检测设备镜头正对黑体的中心部分，两者之间保持水平距离可分为 3、5、10m（近、中、远三档）；视机器人设计的红外测量距离选择档位，通常至少选择两档。

（2）分别设置黑体温度为 10 组不同的温度设置值（50～150℃），由机器人对 10 组不同温度设置值进行聚焦、调焦，清晰成像后再进行红外测温作业，记录机器人对每组温度设置值的实时测量值。

2.4.6.3 判定准则

将机器人的实时测量值与黑体设置值进行比较，对于测量精度不低于±2℃或测量值乘以±2%中的绝对值大者，判定为机器人实时测量值满足要求。10 组红外测温结果的准确度均应不低于 90%（即满足要求的机器人实时测量值应不少于 9 个）。

2.4.6.4 注意事项

（1）黑体的显示温度在下降或上升至设置值时会有小幅度上下波动，每组设置温度值完全稳定需要等待 5～10min，当黑体设置温度稳定后再读取机器人红外测温值。

（2）试验结束后，需将黑体设置温度降低至室温后，方可关闭黑体电源。

2.4.6.5 试验记录表格

红外测温准确率试验记录表格示例见表 2-29。

表 2–29　　　红外测温准确率试验记录表格示例

序号	测试内容	距离档位（3m/5m/10m）	设置值（℃）	机器人测量值（℃）	误差（±℃）	测试结果（是否符合要求）
1	测试点 1					
2	测试点 2					
3	测试点 3					
4	测试点 4					
5	测试点 5					
6	测试点 6					
7	测试点 7					
8	测试点 8					
9	测试点 9					
10	测试点 10					
*红外测温准确度（合格品需大于等于80%）			记录测量机器的 SN 编号：		□合格品 □瑕疵品	

*表示求十个点测试结果准确度平均值

2.4.7 链路中断脱机工作功能试验

2.4.7.1 试验环境布置

（1）将机器人本体与监控后台分别布置在距离不小于 1000m 的试验场上两个位置。

（2）机器人与监控后台网络连接正常。

2.4.7.2 试验步骤

（1）将智能机器人置于试验场准备区域指定位置，完成智能机器人巡检系统自检。

（2）设置好智能机器人的行走路线和巡检点，并以全自主方式启动智能机器人。

（3）待智能机器人短时工作后，将链路电源断开，并经核实链路电源已断开，观察智能机器人是否可按预先设置好的行走路线和巡检点继续执行任务，并检查机器人能否将链路断开后的任务数据保存在本体中。

（4）恢复链路，检查智能机器人是否能将断开后的任务数据自动上传至监控后台。

2.4.7.3 判定准则

（1）机器人开始巡检工作，将通信链路电源断开后，机器人能按预先设置好的行走路线和巡检点继续执行任务。

（2）机器人能将通信链路断开后的任务数据保存在机器人本体中。

（3）待通信链路恢复后，机器人能将通信链路断开后的任务数据自动上传至监控后台。

（4）链路中断脱机工作成功率不小于 100%。

2.4.7.4 注意事项

机器人本体各硬件结构无故障，机器人巡检系统无告警信息上报。

2.4.7.5 试验记录表格

链路中断脱机工作功能试验记录表格示例见表 2-30。

表 2-30 链路中断脱机工作功能试验记录表格示例

机器人编号：	测试场地：	测试时间：
序号	测试结果	备注
1		
2		
3		
链路中断脱机工作平均成功率		链路中断脱机工作成功率不小于 100%

2.4.8 双向语音对讲功能试验

2.4.8.1 试验环境布置

（1）将机器人本体与监控后台分别布置在距离不小于 1000m的试验场上两个位置。

（2）机器人与监控后台网络连接正常。

2.4.8.2 试验步骤

（1）开启现场语音对讲及喊话功能，进行模拟通话试验。

（2）观察机器人与本地监控后台是否能正常通话，进行 3 次试验，语音对讲成功率不小于 100%。

2.4.8.3　判定准则

　　机器人端与监控后台系统端能够正常开展语音对讲通话，通话质量应清晰、无杂音。

2.4.8.4　注意事项

　　机器人与服务器网络通信正常。

2.4.8.5　试验记录表格

　　双向语音对讲功能试验记录表格示例见表 2-31。

表 2-31　　双向语音对讲功能试验记录表格示例

机器人编号:　　　测试场地:　　　测试时间:

序号	通话结果	通话时间（s）	备注
1			
2			
3			
语音对讲平均成功率			语音对讲成功率不小于 100%

2.4.9　一键返航功能试验

2.4.9.1　试验环境布置

　　（1）将机器人本体与监控后台分别布置在距离不小于 1000m 的试验场上两个位置。

　　（2）机器人与监控后台网络连接正常。

2.4.9.2 试验步骤

（1）将智能机器人置于试验场准备区域指定位置，完成智能机器人巡检系统自检。

（2）设置好智能机器人的行走路线和巡检点，并以全自主方式启动智能机器人。

（3）待智能机器人短时工作后，启动一键返航功能，监控后台应有确认提示，观察智能机器人安全返航策略及等待智能机器人返回。

2.4.9.3 判定准则

机器人能够自主返回充电座充电，一键返航成功率不小于100%。

2.4.9.4 注意事项

（1）机器人本体各硬件结构无故障，机器人巡检系统无告警信息上报。

（2）机器人与服务器网络通信正常，可以正常下发指令。

2.4.9.5 试验记录表格

一键返航工功能试验记录表格示例见表 2-32。

表 2-32　　　　　一键返航功能试验记录表格示例

机器人编号：　　　测试场地：　　　测试时间：

序号	测试结果	备注
1		
2		

序号	测试结果	备注
3		
一键返航平均成功率		一键返航成功率不小于100%

2.5 电磁兼容性能试验

2.5.1 静电放电抗扰度试验

2.5.1.1 试验方法

（1）气候条件：温度15～35℃，相对湿度30%～60%，大气压力80～106kPa。

（2）按照《电磁兼容 试验和测量技术 静电放电抗扰度试验》（GB/T 17626.2）的规定和方法，对机器人直接或间接施加静电的方式进行试验；除非在通用标准、产品标准或品类标准中有其他规定，静电放电只施加在正常使用时人员可接触到的受试设备上的点和面。具体试验步骤包括：

1）直接放电：只施加在正常使用时人员可接触到的受试设备上的点和面。试验应以单次放电的方式进行。在预选点上，至少施加 10 次单次放电，连续单次放电之间的时间间隔至少 1s，静电放电发生器应保持与实施放电的表面垂直，在实施放电的时候，发生器的放电回路电缆与受试设备的距离至少保持 0.2m。每次放电之后，应将静电发生器的放电电极从受试设备移开，然后重新触发发生器，进行新的单次放电。

2）间接放电：对放置于或安装在受试设备附件的物体的放电，应用静电发生器对耦合板接触放电的方式进行模拟。除了1）所述的程序之外还应该有：对水平耦合板放电应在水平方向对其边缘施加，在距受试设备每个单元（若适用）中心点前面的0.1m处水平耦合板边缘，至少施加10次单次放电（以最敏感的极性）。放电时，放电电极的长轴应处在水平耦合板的平面，并与其前面的边缘垂直。对耦合板的一个垂直边的中心至少施加十次的单次放电（以最敏感的极性），应将尺寸为0.5m×0.5m的耦合板平行于受试设备放置且与其保持0.1m的距离。放电应施加在耦合板上，通过调整耦合板位置，使受试设备四面不同的位置都受到放电试验。

（3）机器人应满足试验等级为4级的要求；试验过程中机器人应处于正常工作状态。

2.5.1.2 判定准则

受试设备电磁兼容抗扰度试验的结果评价分为四级：

A级：在技术要求限值内功能正常。

B级：功能暂时降低或丧失，但在骚扰停止后能自行恢复，不需操作者干预。

C级：功能暂时降低或丧失，但需操作者干预或系统复位。

D级：因设备（元件）或软件的损坏，或数据丢失而造成不能恢复的功能丧失或性能降低。

2.5.1.3 注意事项

静电枪需经过第三方检测机构进行校准，校准结果符合 GB/T 17626.2 的要求，且校准结果在有效期内。

2.5.1.4 试验记录表格

静电放电抗扰度试验记录表格示例见表 2-33。

表 2-33　　　静电放电抗扰度试验记录表格示例

序号	放电方式	试验电压	施加干扰过程中	评价
1	直接放电			
2	间接放电			
	试品电源：		满足等级为 4 级的标准要求	

2.5.2 射频电磁场辐射抗扰度试验

2.5.2.1 试验方法

（1）气候条件：环境温度：15～85℃，相对湿度：30%～85%，大气压力：86～106kPa。

（2）按照《电磁兼容 试验和测量技术 射频电磁场辐射抗扰度试验》（GB/T 17626.3）的规定和方法，将机器人置于高出地面 0.05～0.15m 的非导体支撑物上进行试验，使用非导体支撑是为了放置机器人的偶然接地和场的畸变，也是将轮胎悬空，使巡检机器人处于模拟运动的状态；机器人应满足试验等级为 3 级的要求；在试验过程中应尽可能使巡检机器人充分运行，并在所选定的敏感运行模式下进行抗扰度试验。推荐使用特定的运行程序。

2.5.2.2 判定准则

受试设备电磁兼容抗扰度试验的结果评价分为四级：

A 级：在技术要求限值内功能正常。

B 级：功能暂时降低或丧失，但在骚扰停止后能自行恢复，不需操作者干预。

C 级：功能暂时降低或丧失，但需操作者干预或系统复位。

D 级：因设备（元件）或软件损坏，或数据丢失而造成不能恢复的功能丧失或性能降低。

2.5.2.3 注意事项

试验中使用的设备（射频信号发生器、功率放大器、场强发射天线、电场探头、电波暗室）需经过第三方检测机构进行校准，校准结果符合 GB/T 17626.3 的要求，且校准结果在有效期内。

2.5.2.4 试验记录表格

射频电磁场辐射抗扰度试验记录表格示例见表 2–34。

表 3-34　　射频电磁场辐射抗扰度试验记录示例

序号	试验端口	试验场强	施加干扰过程中	评价
1				
2				

续表

序号	试验端口	试验场强	施加干扰过程中	评价
试品电源：			满足等级为 3 级的标准要求	

2.5.3　工频磁场抗扰度试验

2.5.3.1　试验方法

（1）气候条件：环境温度：15～85℃，相对湿度：30%～85%，大气压力：86～106kPa。

（2）按照《电磁兼容　试验和测量技术　工频磁场抗扰度试验》（GB/T 17626.8）规定的试验等级为 5 级的工频磁场抗扰度试验。采用侵入法使感应线圈包围放在其中心处的巡检机器人，机器人应放在接地（参考）平面上，两者之间有 0.1m 厚的绝缘（如木块）支撑；为了使受试设备暴露在不同方向的磁场中，感应线圈应旋转 90°，接着按相同的程序进行试验；试验过程中机器人应处于正常工作状态。

2.5.3.2　判定准则

受试设备电磁兼容抗扰度试验的结果评价分为四级：

A 级：在技术要求限值内功能正常。

B 级：功能暂时降低或丧失，但在骚扰停止后能自行恢复，不需操作者干预。

C 级：功能暂时降低或丧失，但需操作者干预或系统复位。

D 级：因设备（元件）或软件损坏，或数据丢失而造成不能恢复的功能丧失或性能降低。

2.5.3.3 注意事项

磁场测量是在无试品的自由空间条件下进行，并且与实验室墙壁和任何磁性物体的距离至少为 1m。可以用按"霍尔效应"制成的校准探头或直径比感应线圈至少小一个数量级的多匝环形探头及工频窄带仪器组成的测量系统测量磁场。工频磁场发生器需经过第三方检测机构进行校准，校准结果符合 GB/T 17626.8 的要求，且校准结果在有效期内。

2.5.3.4 试验记录表格

工频磁场抗扰度试验记录表格示例见表 2-35。

表 2-35　　工频磁场抗扰度试验记录表格示例

序号	试验端口	磁场强度持续时间	施加干扰过程中	评价
1				
2				
试品电源：			满足等级为 5 级的标准要求	

2.5.4 脉冲磁场抗扰度试验

2.5.4.1 试验方法

（1）气候条件：环境温度：15～85℃，相对湿度：30%～85%，大气压力：86～106kPa。

（2）按照《电磁兼容 试验和测量技术 脉冲磁场抗扰度》（GB/T 17626.9）规定的试验等级为5级的脉冲磁场抗扰度试验。采用侵入法使感应线圈包围放在其中心处的巡检机器人，机器人应放在接地（参考）平面上，两者之间有0.1m厚的绝缘（如木块）支撑；为了使受试设备暴露在不同方向的磁场中，感应线圈应旋转90°，接着按相同的程序进行试验；试验过程中机器人应处于正常工作状态。

2.5.4.2 判定准则

受试设备电磁兼容抗扰度试验的结果评价分为四级：

A级：在技术要求限值内功能正常。

B级：功能暂时降低或丧失，但在骚扰停止后能自行恢复，不需操作者干预。

C级：功能暂时降低或丧失，但需操作者干预或系统复位。

D级：因设备（元件）或软件损坏，或数据丢失而造成不能恢复的功能丧失或性能降低。

2.5.4.3 注意事项

脉冲磁场发生器需经过第三方检测机构进行校准，校准结果符合GB/T 17626.9的要求，且校准结果在有效期内。

2.5.4.4 试验记录表格

脉冲磁场抗扰度试验记录表格示例见表 2-36。

表 2-36　　　　脉冲磁场抗扰度试验记录表格示例

序号	试验端口	试验场强	施加干扰过程中	评价
1				
2				
试品电源：			满足等级为 5 级的标准要求	

2.5.5 浪涌（冲击）抗扰度试验

2.5.5.1 试验方法

（1）气候条件：环境温度：15～85℃，相对湿度：30%～85%，大气压力：86～106kPa。

（2）按照《电磁兼容 试验和测量技术 射频场感应的传导骚扰抗扰度》（GB/T 17626.6）规定的试验等级为 4 级的浪涌（冲击）抗扰度试验。对充电桩或充电器电源端口进行施加浪涌，试验时应使机器人处于充电状态。

2.5.5.2 判定准则

受试设备电磁兼容抗扰度试验的结果评价分为四级：

A 级：在技术要求限值内功能正常。

B 级：功能暂时降低或丧失，但在骚扰停止后能自行恢复，不需操作者干预。

C 级：功能暂时降低或丧失，但需操作者干预或系统复位。

D 级：因设备（元件）或软件损坏，或数据丢失而造成不能恢复的功能丧失或性能降低。

2.5.5.3　注意事项

浪涌发生器需经过第三方检测机构进行校准，校准结果符合 GB/T 17626.6 的要求，且校准结果在有效期内。

2.5.5.4　试验记录表格

浪涌（冲击）抗扰度试验记录表格示例见表 2-37。

表 2-37　　浪涌（冲击）抗扰度试验记录表格示例

序号	试验端口	试验电压	施加干扰过程中	评价
1	L-N			
2	L-地			
3	N-地			
试品电源：			满足等级为 4 级的标准要求	

2.6 安全性能试验

2.6.1 绝缘电阻试验

2.6.1.1 试验方法

在正常试验大气条件下，充电桩或机器人本体各独立电路与外露的可导电部分之间，以及各独立电路之间的绝缘电阻要求见表 2-38。

表 2-38　　　　　　　　　绝缘电阻要求

额定工作电压 U_r	绝缘电阻要求
$U_r \leqslant 60V$	$\geqslant 100M\Omega$ （用 250V 绝缘电阻表测量）
$60V < U_r < 250V$	$\geqslant 100M\Omega$ （用 500V 绝缘电阻表测量）

注　与二次设备及外部回路直接连接的接口回路试验电压采用 $60 < U_r < 250$ 的要求。

2.6.1.2 判定准则

绝缘电阻值应不小于 $100M\Omega$。

2.6.1.3 注意事项

绝缘电阻表需经过具有校准能力的第三方检测机构进行校准，校准结果符合《电子式绝缘电阻表检定规程》（JJG 1005）或《绝缘电阻表（兆欧表）检定规程》（JJG 622）的要求，且校准结果在有效期内。

2.6.2 介电强度试验

2.6.2.1 试验方法

在正常试验大气条件下，充电桩或机器人本体各独立电路与外露的可导电部分之间，以及各独立电路之间，施加频率 50Hz、历时 1min 的工频电压；试验电压从零起始，在 5s 内逐渐升到规定值并保持 1min，随后迅速平滑地降到零值，测试完毕断电后用接地线对被试品进行安全放电；试验过程中，任一被试回路施加电压时，其余回路等电位互联接地。工频耐压试验电压值按表 2–39 规定进行选择。

表 2–39　　　　　　　工频耐压试验电压值

额定工作电压 U_r	交流试验电压有效值
$U_r \leq 60$	0.5 kV
$60 < U_r < 250$	2.0 kV

注　与二次设备及外部回路直接连接的接口回路试验电压采用 $60 < U_r < 250$ 的要求。

2.6.2.2 判定准则

试验过程中及试验后，被试品不应发生击穿、闪络及元器件损坏现象。

2.6.2.3 注意事项

介电强度测试仪需经过第三方检测机构进行校准，且校准结果在有效期内。

2.6.3 冲击电压试验

2.6.3.1 试验方法

在正常试验大气条件下，对充电桩或机器人各独立电路与外露的可导电部分之间，以及各独立电路之间，施加 1.2/50μs 标准雷电波的短时冲击电压，对被试回路进行三个正脉冲、三个负脉冲试验，脉冲间隔时间不小于 5s；当额定工作电压大于 60V 时，开路试验电压为 5kV；当额定工作电压不大于 60V 时，开路试验电压为 1kV。

2.6.3.2 判定准则

试验过程中及试验后，被试品不应发生击穿、闪络及元器件损坏现象。

2.6.3.3 注意事项

冲击电压发生器需经过第三方检测机构进行校准，且校准结果在有效期内。

2.6.3.4 试验记录表格

安全性能试验记录表格见表 2-40。

表 2-40　　　　安全性能试验记录表格

序号	检验项目	试验要求	试验结果
1	绝缘电阻试验	绝缘电阻≥5MΩ	
2	介电强度试验	额定电压≤60V，施加电压0.5kV 工频电压 1min；60V＜额定电压＜250V，施加 2kV 工频电压 1min，试验中应无击穿、闪络和元器件损坏（电源端口）	

序号	检验项目	试验要求	试验结果
3	冲击电压试验	额定电压 ≤ 60V，施加 1.2/50μs，1kV 正负极性雷电冲击电压各 3 次；60V＜额定电压＜250V，施加 1.2/50μs，5kV 正负极性雷电冲击电压各 3 次，试验中应无击穿、闪络和元器件损坏（电源端口）	

附录 A　外观表面定义及试验要求

A.1　外观表面定义、检验要求

（1）A 级面：机器人在使用时，客户经常能看到的表面（一般指机器人本体的前面和顶面及丝印 LOGO 的表面）。

（2）B 级面：在机器人不移动的情况下，客户偶尔能够看到的表面（一般指机器人本体的侧面和后面及产品打开后，可以看到的表面）。

（3）C 级面：客户在移动机器人本体（或拆卸后）才可以看到隐藏着的表面（一般指机器人本体底部和内部隐藏覆盖着的表面）。

A.2　检查距离、检查时间和旋转要求

检查距离、检查时间和旋转要求见表 A-1。

表 A-1　　　检查距离、检查时间和旋转要求

类别	A 级面	B 级面	C 级面
检查距离	300mm	500mm	1000mm
检查时间	10s	5s	3s
机器人本体是否旋转	是	否	否

A.3 外观检验判定准则

外观检验判定准则见表 A-2。

表 A-2　外观检验判定准则

一、喷涂件判定准则

序号	缺陷类型	缺陷定义	缺陷判定			备注
			A级面	B级面	C级面	
1	浅划伤	目测不明显，手指甲触摸无凹凸感、未伤及材料本体的伤痕	$L \leq 5$, $W \leq 0.2$, $N \leq 2$	$L \leq 10$, $W \leq 0.5$, $N \leq 2$	允许	无手感（不能伤到底材）
2	深划伤	目测明显，手指甲触摸有凹凸感、伤及材料本体的伤痕	不允许	$L \leq 5$, $W \leq 0.2$, $N \leq 2$	允许	有手感（不能伤到底材）
3	凹陷	表面局部凹陷的现象，手摸时有不平感觉	$S \leq 0.25$（可接收）	$S \leq 1.50$, $H \leq 0.4$, $N \leq 2$	允许	

67

续表

一、喷涂件判定准则

序号	缺陷类型	缺陷定义	缺陷判定			备注
			A级面	B级面	C级面	
4	颗粒/凸起	表面局部凸起的现象，手摸时有不平感觉（凸起与零件是同一类）	$S \le 0.25$，$N \le 2$（可接收）	$S \le 0.75$，$H \le 0.4$，$N \le 5$	允许（不影响装配）	
5	异物	零件表面粘附的与零件不同类型的东西（如砂粒、毛发、铁屑等）	不允许	$S \le 1.50$，$H \le 0.4$，$N \le 2$	允许	
6	针孔	附着在产品表面产生的气泡，继而破裂产生的针状小孔。	不允许	$S \le 0.75$，$N \le 2$	允许	不能露底
7	起泡	喷涂表面有凸起（气泡）造成，用力压破后出现表面凹陷或露底（露底：露出喷涂下面金属材料的颜色）	不允许	不允许	不允许	防止引起腐蚀掉漆

续表

一、喷涂件判定准则

序号	缺陷类型	缺陷定义	缺陷判定			备注
			A级面	B级面	C级面	
8	流痕	喷涂涂料过多且不均匀干燥导致的流痕	不允许	不允许	允许	
9	桔皮	喷涂表面因涂料附着力差而导致起皱，像桔子皮样的外观	不允许	允许边角处 $S \leq 50$	允许	目视不能明显
10	膜厚超标	漆膜过厚造成表面开裂、剥落	不允许	允许	允许	膜厚超标不能影响装配
11	露底（喷薄）	局部表面掉漆造成的缺陷	不允许	不允许	允许（应有涂层覆盖）	
12	掉漆	喷涂表面没有油漆，露出喷涂下面金属材料的颜色	不允许	不允许	不允许（可补漆）	

续表

一、喷涂件判定准则

序号	缺陷类型	缺陷定义	缺陷判定 A级面	缺陷判定 B级面	缺陷判定 C级面	备注
13	挂具印	喷涂过程中采用工装定位而遗留的局部表面没有油漆的现象	不允许	不允许	不允许（可补漆）	
14	污迹	由于基材缺陷或不干净导致喷涂表面有污迹和颜色不规则（如灰尘、油污等）	不允许	不允许	允许	
15	毛刺/边	喷涂区域边缘由于保护胶纸等撕掉后留下的毛刺	不允许	不刮手可接受	不刮手可接受	
16	色差	同一表面颜色不一致，或表面颜色与色板不一致	不允许	不允许	允许	
17	模具印	具冲压折弯等成型过程中，在零件表面形成的与模具位置和大小相符合的痕迹	不允许	不允许	允许	

续表

一、喷涂件判定准则

序号	缺陷类型	缺陷定义	缺陷判定			备注
			A级面	B级面	C级面	
18	修补	因膜层损坏而用涂料所作的局部遮盖	不允许	范围：$L \le 10$，$W \le 0.5$，$N \le 2$ 或 $S \le 3$，$N \le 2$ 修补后不能有明显色差	范围：$L \le 50$，$W \le 0.5$，$N \le 2$ 或 $S \le 50$，$N \le 1$，修补后能能有明显色差	修补颜色需一致

注　L 表示缺陷长度，mm；S 表示缺陷面积，mm^2；H 表示缺陷高度，mm；D 表示缺陷直径，mm；W 表示缺陷宽度，mm；N 表示缺陷数量。

二、钣金件、电镀、阳极、氧化件判定准则

序号	缺陷类型	缺陷定义	缺陷判定			备注
			A级面	B级面	C级面	
1	光泽不对（不均）	底色或预期的颜色发生改变，或表面不同区域的颜色、光泽不一致	不允许	允许	允许	

续表

二、钣金件、电镀、阳极、氧化件判定准则

序号	缺陷类型	缺陷定义	缺陷判定			备注
			A级面	B级面	C级面	
2	浅划痕（镀前）	目测不明显、手指甲触摸无凸凹感、未伤及材料本体的伤痕	$L \leq 5$, $W \leq 0.2$, $N \leq 1$	$L \leq 10$, $W \leq 0.5$, $N \leq 2$	允许	无手感（镀后不接受）
3	浅划痕（镀后）	目测不明显、手指甲触摸无凸凹感、未伤及材料本体的伤痕	不允许	不允许	不允许	对于镀后造成的浅划痕和深划痕，由于会造成耐腐蚀性降低都是不允许的
4	深划痕（镀前）	目测明显、手指甲触摸有凹凸感、伤及材料本体的伤痕	不允许	$L \leq 5$, $W \leq 0.2$, $N \leq 2$	允许	有手感（镀后不接受）
5	深划痕（镀后）	目测明显、手指甲触摸有凹凸感、伤及材料本体的伤痕	不允许	不允许	不允许	对于镀后造成的浅划痕和深划痕，由于会造成耐腐蚀性降低都是不允许的

续表

二、钣金件、电镀、阳极、氧化件判定准则

序号	缺陷类型	缺陷定义	缺陷判定			备注
			A级面	B级面	C级面	
6	凹陷	表面局部凹陷的现象，手摸时有不平感觉	$S≤0.25$（可接收）	$S≤1.50$，$H≤0.4$，$N≤2$	允许	
7	凸起	表面局部凸起的现象，手摸时有不平感觉（凸起与零件是同类）	$S≤0.25$（可接收）	$S≤0.75$，$H≤0.4$，$N≤2$	允许	
8	异物	零件表面粘附的与零件不同类型的东西（如砂粒、毛发、铁屑等）	不允许	$S≤1.50$，$H≤0.4$，$N≤2$	允许	
9	污迹	由于基材缺陷或不净导致表面有污迹（如灰尘、油污等）	不允许	不允许	不允许	
10	流痕	由于镀层厚度不均造成零件表面的异常区域	不允许	不允许	允许	

续表

二、钣金件、电镀、阳极、氧化件判定准则

序号	缺陷类型	缺陷定义	缺陷判定			备注
			A级面	B级面	C级面	
11	起泡	镀层起泡、剥落，露出金属底色	不允许	不允许	不允许	
12	色差	同一表面颜色不一致，或表面颜色与色板不一致	不允许	允许	允许	镀彩锌允许色差
13	露白	溶液截留而滞后腐蚀导致或因摩擦磨损导致	不允许	不允许	不允许	
14	拉丝纹理不对	表面粗糙度，纹路不均匀	不允许	允许	允许	
15	生锈	暴露在空气中的金属表面发生化学反应	不允许	不允许	不允许	切边生锈需涂防锈漆遮盖
16	手印	操作不当，手直接接触或手套使用过长，脏等因素在表面留下印记	不允许	不允许	允许	目视不能明显

续表

二、钣金件、电镀、阳极、氧化件判定准则

序号	缺陷类型	缺陷定义	缺陷判定			备注
			A级面	B级面	C级面	
17	焊点/痕	焊接所留下的点或痕迹	不允许	允许	允许	
18	模具印	在模具冲压等成型过程中，在零件表面形成的与模具位置和大小相符合的痕迹	不允许	不允许	允许	
19	毛刺/边	金属边缘和拐角处由于下料、成型、加工等而留下的不规则凸起，手摸刮手	不允许	不刮手可接受	不刮手可接受	
20	修补	因表面损坏而用防锈漆、拉丝、打磨、喷砂等方法所作的遮盖	不允许修补（只允许整面拉丝、打磨或喷砂等方法返修）	允许涂防锈漆或整面拉丝打磨、喷砂等方法修补	允许打磨、喷砂等方法修补	

注　L 表示缺陷长度，mm；S 表示缺陷面积，mm²；H 表示缺陷高度，mm；D 表示缺陷直径，mm；W 表示缺陷宽度，mm；N 表示缺陷数量。

续表

三、丝印、图案、产品标签判定准则

序号	缺陷类型	缺陷定义	缺陷判定			示例
			A级面	B级面	C级面	
1	颜色不对	同一表面颜色不一致,或表面颜色与色板不一致	符合色板	符合色板	允许	
2	纹理不对	表面粗糙度,纹路不均匀	符合样板	符合样板	允许	
3	字型不对	字体与规定标准不一致	符合标准	符合标准	符合标准	
4	文字难辨识	表面字体辨识度低或无法辨认	不允许	不允许	不允许	
5	线条细/粗不均	线条局部未印刷充满而宽度变细粗的现象	不允许	允许≤10%的变动	允许	
6	残缺	线条局部未印刷上而出现残缺的现象,包括出现在墨膜的边缘或中间	不允许	不允许	允许 $L < T$	

续表

三、丝印、图案、产品标签判定准则

序号	缺陷类型	缺陷定义	缺陷判定			示列
			A级面	B级面	C级面	
7	断线	线条中断、无墨迹（露出基底）的现象	不允许	不允许	允许 $L<T$	
8	网痕	因油墨流动性差而在墨膜上显露出丝网网纹痕迹的现象	不允许	不允许	不允许	
9	毛边	在线条边缘出现锯齿状油墨的现象	不允许	允许≤10%的线宽	允许	
10	渗墨	因油墨过多，如把 0 印成●，或况油墨散开	不允许	允许≤10%的线宽	允许	
11	重影	即两个字符不完全重叠，由于印刷两次但位置移动而产生	不允许	不允许	不允许	

77

续表

三、丝印、图案、产品标签判定准则

序号	缺陷类型	缺陷定义	缺陷判定			示列
			A级面	B级面	C级面	
12	针孔	印刷时油墨无法附着在产品表面而产生的小孔	不允许	不允许	允许	
13	字符间距不当	字符间距通过压缩、放大等方式，而改变了标准字体的间距	不允许	允许≤10%正常间距	允许≤10%正常间距	
14	字符偏移	字符在水平或垂直方向上发生偏移。如右图所示，S指偏移量，H指字符高度	不允许	允许≤10%字符符高度	允许≤10%字符符高度	
15	字符歪斜	字符在水平或垂直方向上发生歪斜。如右图所示，S指歪斜量	不允许（目视不能明显）	允许≤2°	允许≤2°	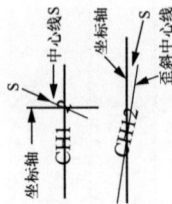

续表

三、丝印、图案、产品标签判定准则

序号	缺陷类型	缺陷定义	缺陷判定			示列
			A级面	B级面	C级面	
16	标签漏贴	标签、铭牌和条码为按规范粘贴	不允许	不允许	不允许	
17	标签贴错位置	标签、铭牌和条码粘贴未贴在固定位置	不允许	不允许	不允许	
18	标签贴歪	标签、铭牌和条码粘贴不水平或者不垂直	不允许	允许≤1mm	允许≤1mm	(标签/铭牌) ↕1mm
19	标签起泡	标签、铭牌和条码内部出现可见的空气泡	不允许	不允许	允许	
20	标签起皱	标签、铭牌和条码粘贴没有完全贴合表面导致出现褶皱	不允许	不允许	允许	

续表

三、丝印、图案、产品标签判定准则

序号	缺陷类型	缺陷定义	缺陷判定			示列
			A级面	B级面	C级面	
21	标签翘角	标签没有完全贴合表面，周边有翘起目贴合表面	不允许	不允许	允许	
22	标签破损	标签表面不光滑，出现肉眼可见的划痕破损	不允许	不允许	允许（条码不允许）	

注 L代表每个字符残缺的长度，T代表线条的粗细。

四、塑胶件判定准则

序号	缺陷类型	缺陷定义	缺陷判定			备注
			A级面	B级面	C级面	
1	浅划痕	手指甲触摸无凹凸感	$L \le 5$, $W \le 0.2$, $N \le 1$	$L \le 10$, $W \le 0.5$, $N \le 2$	允许	无手感

四、塑胶件判定准则

序号	缺陷类型	缺陷定义	缺陷判定			备注
			A级面	B级面	C级面	
2	深划痕	手指甲触摸有凹凸感	不允许	不允许	不允许	有手感
3	凹陷	表面局部凹陷的现象，手摸时有不平感觉	不允许	$S \leq 0.75$，$H \leq 0.2$，$N \leq 2$	允许	
4	凸起	表面局部凸起的现象，手摸时有不平感觉（凸起与零件是同类）	不允许	$S \leq 0.75$，$H \leq 0.2$，$N \leq 2$	允许	
5	异物	零件表面粘附的与零件不同类型的东西（如砂粒、毛发、铁屑等）	不允许	$S \leq 0.75$，$H \leq 0.2$，$N \leq 2$	允许	
6	水纹	塑胶成形时，熔体流动产生的可见条纹	不允许	$L \leq 5$，$N \leq 2$	允许	

续表

四、塑胶件判定准则

序号	缺陷类型	缺陷定义	缺陷判定			备注
			A级面	B级面	C级面	
7	缩水	因材料、工艺等原因使塑胶件表面出现凹陷的收缩现象	不允许	$H≤0.1$，$N≤2$	允许	目视不能明显
8	气泡	指塑胶件因工艺原因内部出现的可见空气泡	不允许	$D≤0.3$，$N≤2$	$D≤1.0$，$N≤4$	
9	雾状	透明塑胶表面上的模糊、不清晰、不光亮的现象	不允许	$S≤5$，$N≤2$	允许	
10	融接痕	材料流动融接处形成的线状痕迹	不允许	$W≤0.05$，$N≤2$	允许	目视不能明显
11	分模线	沿合模线在零件表面形成的可观察到的线状痕迹或多条材料	不允许	两个面段差不超过0.1	两个面段差不超过0.2	目视不能明显
12	毛刺/边	塑胶件上浇口残留物取掉后的毛刺	不允许	不刮手可接受	不刮手可接受	

82

续表

四、塑胶件判定准则

序号	缺陷类型	缺陷定义	缺陷判定			备注
			A级面	B级面	C级面	
13	色差	同一零件表面颜色不一致，或零件表面颜色与色板不一致	不允许	允许	允许	
14	修补	因膜层损坏而用涂料所作的局部遮盖	不允许	$L \leq 10$, $W \leq 0.5$, $N \leq 2$ 或 $S \leq 3$, $N \leq 2$	$L \leq 50$, $W \leq 0.5$, $N \leq 2$ 或 $S \leq 50$, $N \leq 1$, 且修补后不能有明显色差	
15	刀刮痕	因去塑胶批锋而留下的刮刀痕迹	不允许	深度小于 0.5 且均匀	允许	

续表

四、塑胶件判定准则

序号	缺陷类型	缺陷定义	缺陷判定			备注
			A级面	B级面	C级面	
16	模具印	在模具注塑成型过程中，在零件表面形成的与模具位置和大小相符合的痕迹	不允许	允许	允许	

注 L 表示缺陷长度，mm；S 表示缺陷面积，mm²；H 表示缺陷深度，mm；D 表示缺陷直径，mm；W 表示缺陷宽度，mm；N 表示缺陷数量。

五、连接件、紧固件及电气部件判定准则

序号	部件名称	检验项目	判定准则	检验结果
1	连接件、紧固件	表面	表面整洁，无毛刺，无机械损伤、凹痕、无锈蚀、无渣、无油污及其他杂质	
2		焊接	焊接直焊缝补焊不多于两处，焊疤平整，宽度不大于原焊缝的一倍，总长度不超过直缝长度的8%	

续表

五、连接件、紧固件及电气部件判定准则

序号	部件名称	检验项目	判定准则	检验结果
3	连接件、紧固件	镀覆	确保镀层平整光滑，颜色均匀，无起皮和流痕、气孔、杂质等缺陷	
4		防松措施	连接件、紧固件间有防松措施	
5	电气部件	线路排布	电气线路排列整齐、固定牢靠、走线合理，便于安装、维护	
6		颜色标识	电气线路颜色标识正确清晰	
7		漏电	机器人本体外壳和电气部件的外壳均不带电	
8	可拆卸更换部件	坚固措施	可拆卸更换部件以及内部结构的坚固措施不应采用胶水、胶带等方式	
9	指示标识	标识内容	指示灯、云台、按钮、接口等标识正确清晰	